¡Saludos, rayas!
1

MARAVILLAS ANIMALES 26

LAS RAYAS

QUINN M. ARNOLD

CREATIVE EDUCATION | CREATIVE PAPERBACKS

¿TE GUSTA BESUQUEAR HOCICOS DE RAYA?

Índice

Publicado por Creative Education y Creative Paperbacks
P.O. Box 227, Mankato, Minnesota 56002
Creative Education y Creative Paperbacks
son sellos editoriales de The Creative Company
www.thecreativecompany.us

Diseño de Graham Morgan
Dirección artística de Blue Design (www.bluedes.com)

Imágenes de Alamy/Alex Mustard, 1; Dreamstime/Kokhan, 8-9, Michael Bogner, 16, Olgavisavi, 24; Getty Images/Steven Trainoff Ph.D., 10-11; Minden Pictures/Norbert Wu, 18-19; Pexels/Los Muertos Crew, 13; Shutterstock/Brad Thompson, 3, 20-21, Brun Bjorn, 14-15, Konoka Amane, portada (centro), StudioSmart, 2, Yann Hubert, 4; Unsplash/David Clode, 23; Kino, 17, sun hx, 6-7; Public Domain/Biodiversity Heritage Library, portada (izquierda), Gervais et Boulart, portada (derecha)

Library of Congress Cataloging-in-Publication Data
Names: Arnold, Quinn M., author.
Title: Las rayas / by Quinn M. Arnold.
Other titles: Stingrays. Spanish
Description: Mankato, Minnesota : Creative Education and Creative Paperbacks, [2025] | Series: Maravillas | Includes index. | Audience: Ages 4-7 | Audience: Grades K-1 | Summary: "An introduction to rays, this beginning reader features eye-catching photographs, humorous captions, and basic life science facts about these gliding ocean fish. This Spanish text includes a labeled image guide, glossary, and index"-- Provided by publisher.
Identifiers: LCCN 2024021880 (print) | LCCN 2024021881 (ebook) | ISBN 9798889895107 (library binding) | ISBN 9781682777213 (paperback) | ISBN 9798889895220 (ebook)
Subjects: LCSH: Stingrays--Juvenile literature. | Animals--Juvenile literature. | CYAC: Stingrays. | Animals.
Classification: LCC QL638.8 .A7618 2025 (print) | LCC QL638.8 (ebook) | DDC 597.3/5--dc23/eng/20240627

Impreso en China

Las rayas son peces planos. Nadan en aguas cálidas. La mayoría vive en **océanos**.

¡NADIE ME SORPRENDERÁ!

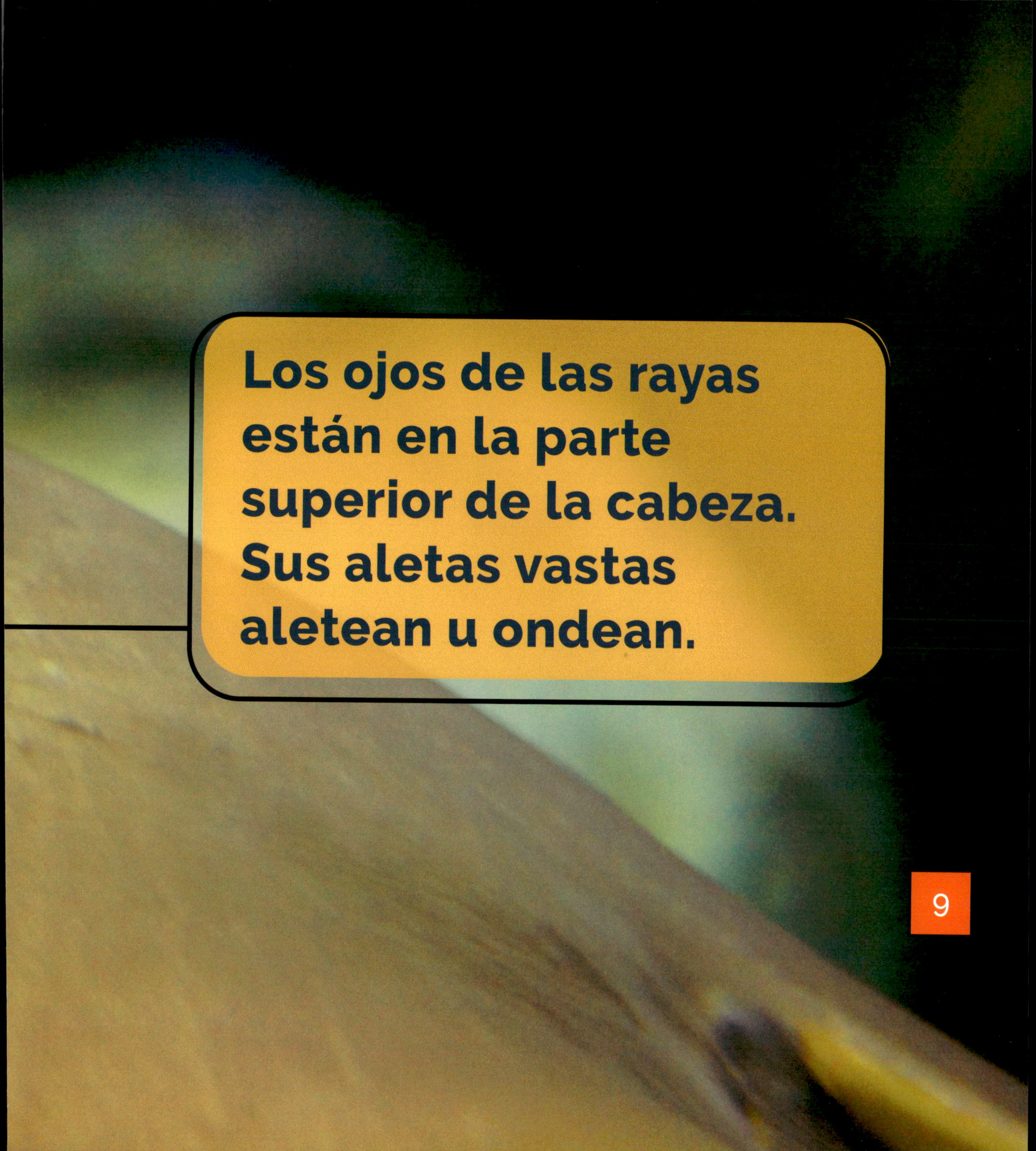

Los ojos de las rayas están en la parte superior de la cabeza. Sus aletas vastas aletean u ondean.

La cola de una raya es larga y fina.

Tiene una espina afilada. La espina ayuda al pez a mantenerse a salvo.

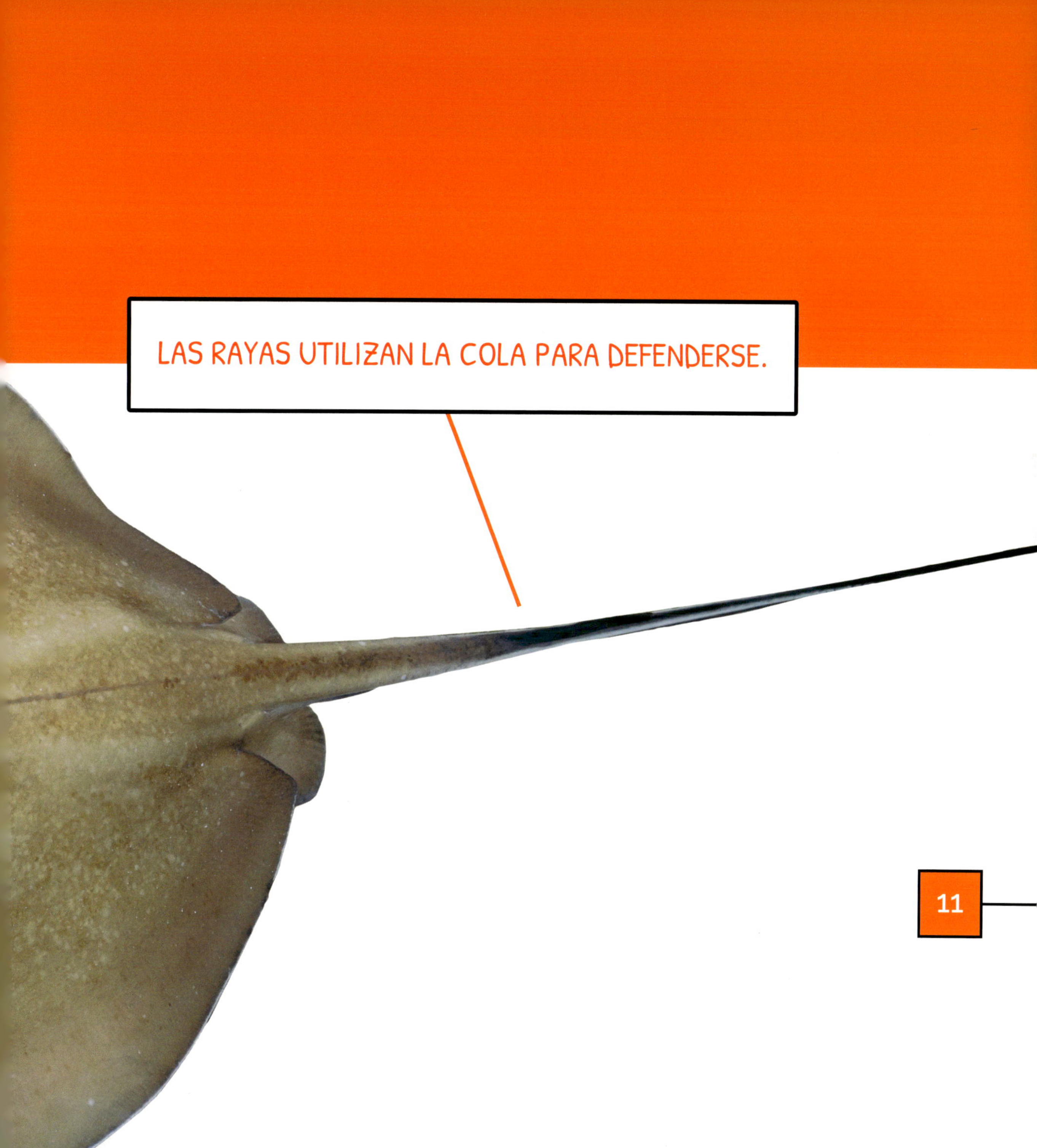
LAS RAYAS UTILIZAN LA COLA PARA DEFENDERSE.

Las rayas comen las gambas, las almejas y los cangrejos. A veces comen los gusanos de mar. Tienen la boca en la parte inferior del cuerpo.

ME ENCANTAN LOS
APERITIVOS DEL
FONDO MARINO.

LAS RAYAS BEBÉ PARECEN PEQUEÑAS RAYAS ADULTAS.

Una cría de la raya se llama cachorro. Las crías permanecen en aguas **pocas profundas** hasta que crezcan.

Las rayas se esconden en la arena. Luego se deslizan por el agua. Buscan comida.

ES COMO VIAJAR EN UNA ALFOMBRA MÁGICA, ¡PERO EN EL OCÉANO!

¡Adiós, rayas!

[Imagina una raya]

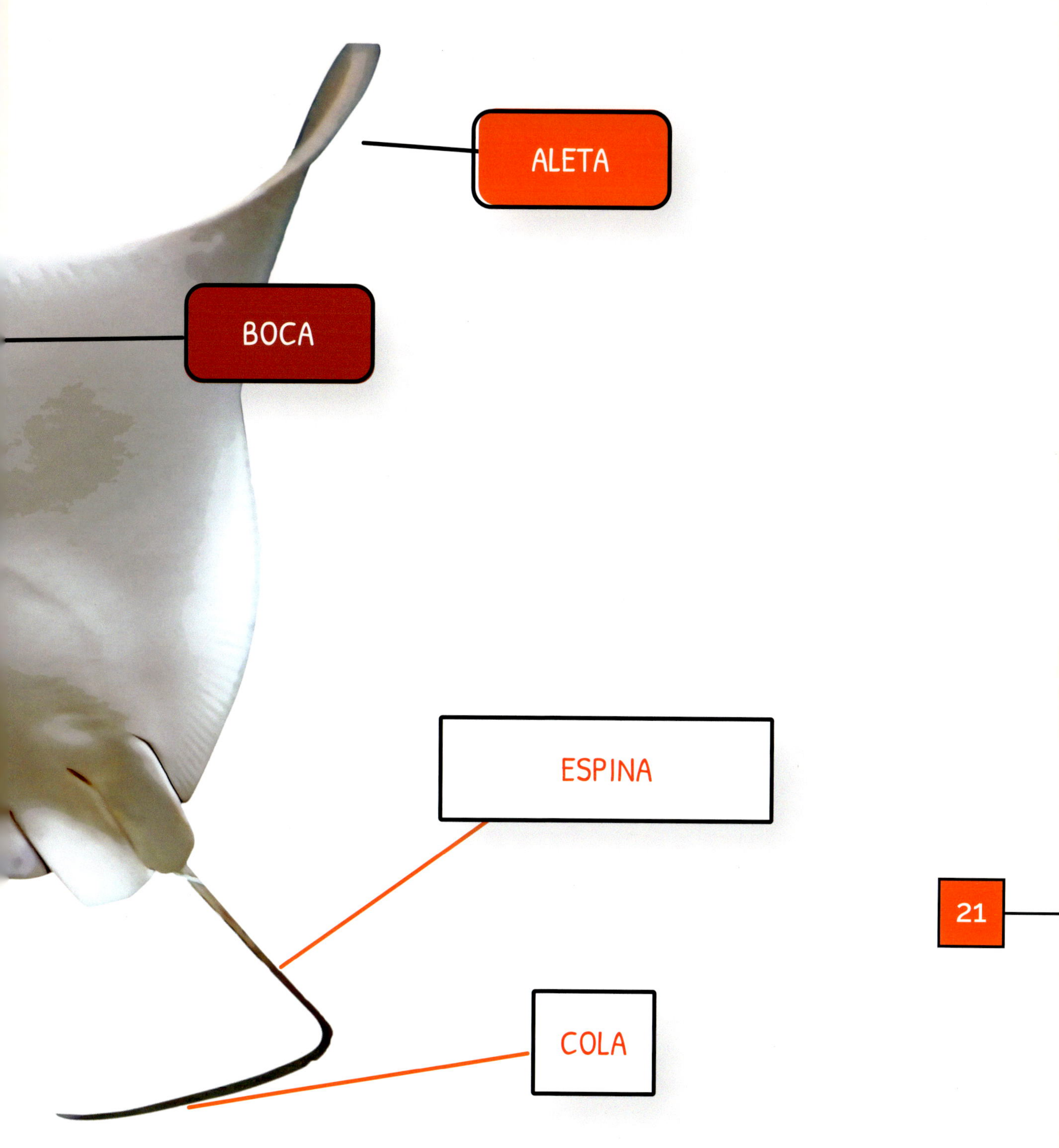
ALETA
BOCA
ESPINA
COLA

PALABRAS QUE DEBES CONOCER

espina: la parte dura y afilada de la cola de una raya

océano: una gran extensión de agua profunda y salada

poco profundo: no profundo

ÍNDICE